米莱知识宇宙

启航吧
知识号

自然界中
的生物们

米莱童书 著/绘

北京理工大学出版社
BEIJING INSTITUTE OF TECHNOLOGY PRESS

推荐序

　　生物学成为一门学科只是近 300 年的事，但是人类对于生命的探索却有上万年的历史。在距今 17 000 年的山洞画中仍保留着人类最初观察生物、探索自然的印记。地球上形形色色的生物让这个世界丰富多彩，充满勃勃生机。人类本是自然的一部分，自然的万物哺育了人类，自然的变化与人类的命运息息相关。但是，当人类逐渐远离自然，建立大规模的村镇和城市后，人类逐渐失去了与自然脉搏的同频共振，以为有了城市的保护便可以远离自然界给人类带来的不确定性的影响。然而事实并非如此，我们依然生活在地球的自然生态圈中，大自然的每一次"感冒"，每一个"喷嚏"，每一次"怒吼"，都会给人类带来毁灭性的灾害。所以，认识自然，探究自然，敬畏自然，尊重自然，仍然是生活在地球上的人类需要认识到的基本事实。现在，随着人类对生物学研究的深入，生物学又有了若干分支，生物学对于医学、药学等学科的重要性也日益凸显，投入生物学的怀抱在日后将大有可为。

　　如果你对身边的生物现象感兴趣，这本《启航吧，知识号：自然界中的生物们》将解答你的大部分疑问。这本书用漫画的形式再现了生物学知识，更加有趣又具象，十分适合对生物学感兴趣的孩子进行启蒙阅读。

　　希望这套有趣味的生物启蒙漫画书能激发你对生物学的兴趣，与我一起为人与自然和谐共处的美好未来努力！

苏都莫日根

2021 年 12 月 26 日 于北京大学生命科学学院

目录

上天入海寻踪生命

我是细胞，地球生命离不开我。

动物细胞

目录

生命延续的故事

我是植物细胞,擅长自给自足。

植物细胞

地球生态需要保护

我是基因，能决定生命进程。

基因

目录

身边的生物调查实验

种子：我是种子，还会继续成长。

种子

上天入海 寻踪生命

地球上大约有 3 000 万种生命，有植物有动物，还有你看不见的微生物。这些生命有的只能存活 1 天，有的却能活上百年。

江水在春天呈现出绿色，是因为绿色的<u>藻类植物</u>在温暖的春天大量繁殖。

你常吃的海带，其实也是藻类家族的一员，它是一种生活在海中的巨藻。

藻类植物营养丰富，不仅是许多动物的食物，还被人类当作美食。它们富含的碘元素是一种人体必需的微量元素。

这些像羽毛一样的**蕨类植物**，2 000 多年前的《诗经》中就已经有了相关的描述。

"陟彼南山，言采其蕨。"

蕨类植物叶片的背面布满了这样的褐色突起，里面藏着生命的使者——孢子。

在两三亿年前，地球上有很多高大的蕨类植物，它们形成了大片的森林。

枯萎

深埋变化

煤

有些蕨类植物到现在也很高大，比如我身边这棵桫椤（suō luó），它可以长到两层楼那么高，被人们称为"蕨类植物之王"。

植物的果实是植物生长的副产品，它们能帮助植物更好地找到种子的传播者。

蕨类植物的孢子如果没有落在温暖湿润的地方，很快就会死亡。

相比起来，种子的生命力却很顽强，即使落在比较干旱的地方也能保持生命力。

如果遇到特别干旱或寒冷的情况，种子还能休眠，等到环境适宜的时候再发芽。

快看！这种透明的小动物一口吞下了一只虫子！

这是水螅，是一种腔肠动物。

水螅的身体像一个袋子，其实这是它们的消化腔，就像人的肠子一样，可以消化食物。

但是它们还没有进化出肛门，所以从"袋口"吃进去的食物，还要从"袋口"吐出来。

水母也属于腔肠动物，大多数水母的刺细胞有毒，千万别摸它们，被蜇到就糟了！

疼！

珊瑚虫也是一种腔肠动物，它们会分泌石灰质物质，从而形成珊瑚。

除了腔肠动物之外，还有一种动物也没有肛门，它们就是**扁形动物**。

这只生活在小溪中的涡虫就是扁形动物，它们会从口中伸出一个吸管状的咽，捕食水中的小动物。

涡虫有一个特异功能——分身。

如果用小刀把它的身体切成几段，切下来的几段可以分别长成新的涡虫。

这么厉害！

只有少数扁形动物会自己捕食，大多数扁形动物寄生在其他动物体内，靠吸取动物体内的营养物质生活。

寄生在牛体内的牛带绦虫

人们吃了有寄生虫的牛肉

牛肉中的寄生虫进入人体

牛带绦虫就是一种寄生在人的小肠里的寄生虫。它们的幼虫寄生在牛和羊的肌肉中，如果人吃了没有做熟的牛羊肉，就可能把活的幼虫吃进肚子里。

寄生虫（卵）污染环境后，可能再由环境进入其他动物体内。

人排出带有寄生虫（卵）的粪便，使寄生虫（卵）再次进入大自然。

像绳子却又不是绳子

还有一种臭名昭著的寄生虫同样寄生在人的小肠中，这就是蛔虫。蛔虫属于**线形动物**，这类动物的身体像细长的线，一端是口，另一端是肛门。

口

肛门

有肛门了，终于可以畅快地排泄啦！

人如果喝了带有蛔虫卵的水或是吃了沾有蛔虫卵的蔬菜，就会把蛔虫卵吃进肚子里。

管圆线虫是另一种线形动物，它们的幼虫寄生在螺的体内，如果人把它们吃到肚子里，就有可能头痛、眩晕，甚至死亡！

所以在野外不要轻易用手碰这些螺，它们很有可能携带了寄生虫，更不要吃没做熟的螺肉。

好……好可怕！

看！有蚯蚓！

既然下雨哪儿也去不了，不如我来给你讲讲蚯蚓吧！

蚯蚓看上去和蛔虫有点像，但却不是线形动物，而是**环节动物**。你仔细看看蚯蚓，就会发现它的身体由一环一环的节构成。

哇，真的是一环一环的！

蚯蚓本来是生活在土壤里的。它是植物的好朋友，它们能把腐烂的植物变成土壤中的养分，有利于植物生长。

但是蚯蚓本来在土壤里待得好好的，怎么现在爬到地面上来了呢？

因为蚯蚓是靠皮肤呼吸的，下雨天，土壤中的水分增加，氧气减少，蚯蚓没法呼吸，就爬到地面上来了。

顺便说一下，生活在海里的沙蚕和生活在水田里的水蛭也是环节动物。

哇，天晴啦！

为了保护自己柔软的身体，很多软体动物都有壳。

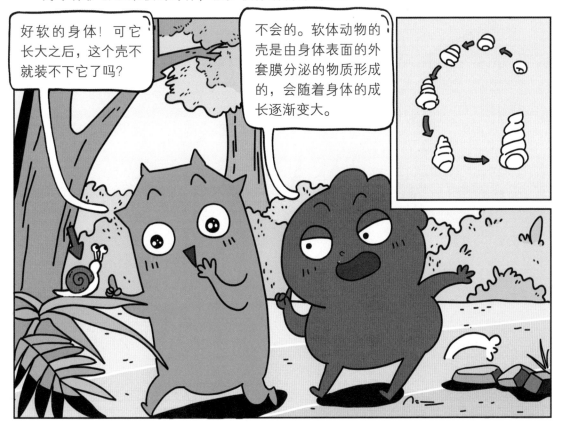

章鱼会改变颜色来迷惑敌人，拟态章鱼甚至会伪装成有毒海蛇的样子来欺骗鲨鱼等敌人。

你看，蝴蝶的身子和腿一节一节的，看起来好灵活、好轻盈。

不只是蝴蝶，蜜蜂和七星瓢虫都有一节一节的身体。其实，虾、螃蟹和蝴蝶、蜜蜂都属于同一类动物，它们都是节肢动物。

节肢动物是动物界的大家族，有 120 万种以上，占所有已知动物种数的 4/5 以上。

在节肢动物大家族里，种类最多的是昆虫，它们通常有一对触角、三对足，大多数还长着翅膀。

翅膀

触角

足

这么看来，蜘蛛就不属于昆虫了，因为它没有触角，并且有四对足。

我不是昆虫，可别搞错了！

节肢动物的身体都是分节的。它们全身上下都被一层外骨骼包裹，虽然大多数没有贝壳那么坚硬，但也能起到很好的保护作用。

外骨骼是由表皮细胞分泌的物质形成的，不能长大，所以一些节肢动物在长大的过程中需要蜕皮。

成语"金蝉脱壳"说的就是这种现象。

一些昆虫与人类的关系非常密切，比如美味的蜂蜜就是蜜蜂采集花蜜在蜂巢里酿制而成的。

桑蚕蛾的幼虫蚕宝宝吐出的丝又细又软，可以做成轻薄透气的衣物。

鱼类大多是游泳高手，它们的身体表面通常覆盖着光滑的鳞片，既有保护作用，又能帮它们在水中快速穿梭。

鱼的嘴和鳃盖不停地一张一合，这是它们呼吸的动作。

鳃盖的里面是鱼鳃，上面有许多鳃丝，还布满了细小的血管。

水从鱼嘴中流经鱼鳃，在这个过程中，鱼会获得氧气并排出二氧化碳，这就是鱼类的呼吸方式。

水里陆地都是家

　　鱼和水中的虾、水螅、涡虫等动物最大的区别在于，鱼有由脊椎骨组成的脊柱，前面提到的其他动物都没有脊椎骨。有脊椎骨动物的统称为**脊椎动物**。

　　鱼离不开水，终生都生活在水中，但有些动物幼年时期生活在水中，成年之后却能在陆地上生活，这就是**两栖动物**。

成年后的青蛙除了用肺呼吸，还需要用皮肤辅助呼吸。

湿润的皮肤能吸收更多的氧气，让青蛙的呼吸更加畅快。

"稻花香里说丰年，听取蛙声一片。"稻田里经常能看见青蛙的身影，它们能吃掉不少对水稻有害的昆虫，是农民的好帮手。

它们的身体冰冰凉凉的！

在水边经常遇到的还有另一种动物——**爬行动物**。

有的爬行动物身上有一层鳞片，比如蛇；有的身上长着盾牌一样坚硬的甲，比如这只乌龟。它们通常以爬行的姿势前进，所以被称为爬行动物。

有不少爬行动物会游泳，有的甚至生活在水中，比如海龟，但它们需要到水面上呼吸。

爬行动物没有鳃，都靠肺在空气中呼吸。

爬行动物会在陆地上产卵，繁殖后代，就连平常生活在海里的海龟也不例外。

爬行动物的体温会随着环境的温度而变化，所以被称为**变温动物**。

有人说，爬行动物是冷血动物，其实这是不准确的，只要环境合适，它们也可以"热血沸腾"！

实际上，在所有的动物种类里，只有鸟类和哺乳动物可以维持恒定的体温，所以被称为恒温动物。

除此之外,飞行还需要消耗大量的能量,这离不开鸟类独特的消化系统和呼吸系统。

鸟类饭量很大,一只山雀每天能吃掉的虫子是自己体重的 1/3。一只蜂鸟每天吃掉的花蜜相当于自己体重的 2 倍。

吃得多才能飞得远!

营养物质转化成能量需要大量的氧气,这就需要靠鸟类神奇的呼吸系统来实现。鸟类的呼吸系统中有气囊,它能储存空气。

空气

前部气囊
肺
后部气囊
气管

吸气时,一部分氧气进入肺,另一部分氧气进入气囊。

呼气时,二氧化碳从肺部呼出,同时气囊中的氧气进入肺部。

看来我是没办法飞起来了……

无论是吸气还是呼气时,鸟类的身体里总是充满了氧气,这加快了营养物质转化成能量的速度。

虽然要像鸟类那样飞翔真的很难,不过好在科学家们早就造出了飞机,让你也能体验飞翔的感觉。

对啊!我们接下来就去坐飞机吧!

各式各样的哺乳动物

其实并不是所有鸟类都会飞，比如鸵鸟和企鹅就不会。不过因为它们都有鸟类特有的羽毛，还会产卵繁殖后代，所以也属于鸟类。

蝙蝠也会飞，它们属于鸟类吗？

蝙蝠虽然长得像鸟，会飞，但它们没有羽毛，也不会像鸟类那样产卵，所以并不属于鸟类。

小蝙蝠会在妈妈肚子里发育。出生后，妈妈还会用乳汁哺育它们，这叫作哺乳，所以蝙蝠属于哺乳动物。

几乎所有的哺乳动物都是从妈妈肚子里生出来的，但也有例外，比如针鼹和鸭嘴兽就是从蛋里孵化出来的。

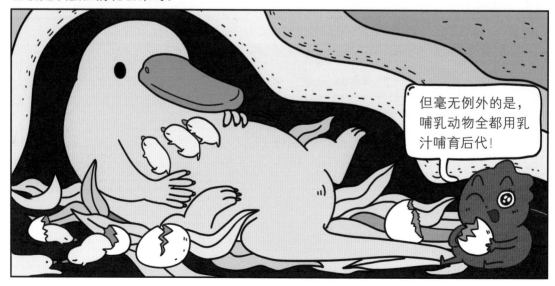

但毫无例外的是，哺乳动物全都用乳汁哺育后代！

天啊！面包长毛了！

刚到家就有新发现？

这叫发霉。发霉的食物不能吃。这些像棉花一样的霉菌也是一种生物，叫作青霉。

青霉和人类有共同点，它们没有叶绿体，无法自己生产食物，人类喜欢的食物，它们也很喜欢。

叶绿体是植物细胞内部进行光合作用的"生产车间"。

既然你们喜欢，那就给你们吃吧！

白色的菌丝会深入食物内部吸收营养物质，青绿色的孢子成熟后会飘散到空气中。如果孢子落在了其他食物上，很快就会长出一片新的青霉。

这个苹果也发霉了，一定是被面包上霉菌的孢子"污染"了！

所以发霉的食物要尽快扔掉！

真菌并不总是破坏食物，有些真菌还可以为人类提供食物，比如这些蘑菇。

我最喜欢吃蘑菇了。

蘑菇的小伞盖下面藏着它的小宝宝——孢子，这些孢子落在适宜的地方，就会长出新的蘑菇。

这里就有一个新长出来的蘑菇！

还有一些真菌寄生在动植物身上，依靠吸取动植物身体里的养分生活，这会导致动植物生病或是死亡。

这只蚂蚁全身僵直、动作奇特，已经被一种寄生真菌控制了，它现在是僵尸蚂蚁，最后会死掉。

真菌？在哪儿呢？

实验室

大自然中很多生物是我们肉眼看不到的，需要借助实验室里的仪器——显微镜。

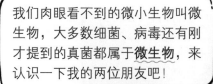
我们肉眼看不到的微小生物叫微生物，大多数细菌、病毒还有刚才提到的真菌都属于**微生物**，来认识一下我的两位朋友吧！

我是细菌。

我是真菌。

细胞核是细胞内部指导细胞工作的"控制中心"。

你们除了名字不一样之外，还有什么区别吗？

我有真正的细胞核，我是真核生物。

我没有真正的细胞核，只有一团类似细胞核的拟核，我是原核生物。

我的种类很多，而且有些能直接用肉眼看到，蘑菇、木耳等都是真菌！

我也有很多种类，而且人们根据不同的外形给我起了各种独特的名字！

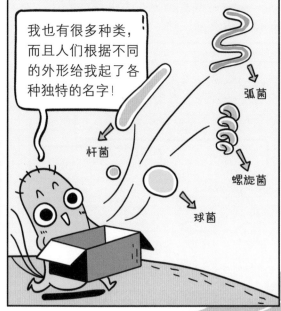
弧菌

杆菌

螺旋菌

球菌

虽然我们的肉眼看不到微生物，但事实上它们无处不在。

有些微生物对我们有坏处，一旦进入身体会使我们生病，所以饭前便后一定要好好洗手，防止它们钻空子！

每个人的身体里都有很多微生物，尤其是肠道里，它们被称为肠道菌群，共同维持着肠道的健康。

有些微生物可以被人类利用，比如酵母菌可以让面团发酵，制成面包；乳酸菌可以让牛奶发酵，制成酸奶，我猜你平时没少和这些微生物打交道吧！

病毒是一种结构特别简单的生物，它不是细胞，没有我们熟悉的细胞结构。

结构"不完善"的病毒只能寄生在细胞里，靠细胞中的能量存活和增殖。

病毒通过复制自己来增加数量，新病毒会转移到其他细胞中继续复制自己，这往往会给寄主的身体造成很大的伤害。

哈哈,这里真好玩!

好多兄弟姐妹!

我们是不是应该收敛点?万一寄主死了,我们也无处可去了啊!

120 吗? 我的朋友病倒了……

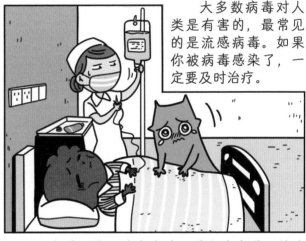

大多数病毒对人类是有害的,最常见的是流感病毒。如果你被病毒感染了,一定要及时治疗。

为了应对微生物带来的健康威胁,人们会对那些导致疾病的细菌和病毒进行特殊处理,这样可以让身体记住这些病原体的样子,从而拒绝它们进入细胞,保护身体免遭侵害,这些被处理过的微生物叫作疫苗。

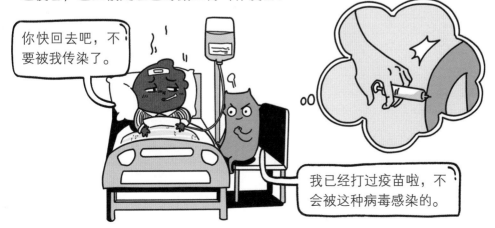

你快回去吧,不要被我传染了。

我已经打过疫苗啦,不会被这种病毒感染的。

地球上有上百万种生物。但是每一种都有自己的名字，甚至不同地区的人们对于同一种生物常常有不同的叫法。

拿蒲公英来举个例子吧。

dandelion！

华花郎。

黄花地丁！

婆婆丁。

为了方便交流，瑞典著名的植物学家林奈在 1768 年提出了一种命名方法——双名法。

根据双名法，每一个物种的学名都由属名和种加词这两部分组成，有时后面还会跟上命名者的姓名或姓名缩写。

蒲公英
Taraxacum mongolicum Hand.–Mazz.

属名　种加词

Hand.–Mazz
命名者的姓名

你可能在植物园或者动物园里看见过生物的学名。这些标牌上的拉丁文就是生物的学名。

月季
Rosa chinensis Jacq.
属名 种加词 命名者的名字

林奈还开创了一种生物学的分类系统，根据生物的不同特性把它们分为几个层次，分别是界、门、纲、目、科、属、种。

条理清晰的分类能帮助我们更快、更准确地了解每种生物的特点。

不仅如此，生物之间的相似性也能让我们明白它们的亲缘关系，可以帮助我们研究生物进化。

这么多种生物，都是怎么诞生的呀？

不同的生物有不同的繁育后代的方式，接下来我们一起去了解生命的延续吧！

39

问题收纳盒

生物分类从大到小的等级有哪些？

- 界、门、纲、目、科、属、种。

苔藓植物有什么特点？

- 苔藓植物一般都很矮小，具有类似茎和叶的分化，根非常简单，被称为假根。

种子植物有什么特点？

- 种子植物通过种子繁殖后代，种子由种皮和胚组成。

蕨类植物有什么特点？

- 蕨类植物有根、茎、叶的分化，叶片背面有孢子囊群，通过孢子繁殖后代。

鸟类有什么特点？

- 鸟类的身体表面覆盖着羽毛，前肢是翅膀，大多会飞，有气囊辅助肺的呼吸。

鱼类有什么特点？

- 鱼类生活在水中，身体表面通常覆盖着鳞片，用鳃呼吸。

两栖动物有什么特点？

- 两栖动物幼年时生活在水中，用鳃呼吸；成年后大多生活在陆地上，用肺呼吸，皮肤可以辅助呼吸。

爬行动物有什么特点？

- 爬行动物的身体表面覆盖着鳞片或甲，用肺呼吸，在陆地上产卵，繁殖后代。

哺乳动物有什么特点？

- 哺乳动物的身体表面通常覆盖着体毛，胎生，用乳汁哺育后代。

真菌有什么特点？

- 真菌没有叶绿体，需要从外界获取养分。一些真菌通过孢子繁殖后代。

P40 答案：只有鲤鱼属于鱼类。章鱼和墨鱼属于软体动物，鳄鱼属于爬行动物，鲸属于哺乳动物。

P41 答案：青蛙、蝙蝠和蜘蛛放错了地方。

42

02

生命延续的故事

植物生殖的秘密

爷爷　奶奶　爸爸　妈妈

外公　外婆

我们都是父母的小宝宝，我们以后也会拥有自己的小宝宝，他们又会有自己的小宝宝……

通过繁衍使种族延续下去是生命最基本的使命之一，这就是**生殖**。

动物和植物的生殖方式有很大的区别。

植物的生殖过程比动物的生殖过程有趣多啦！

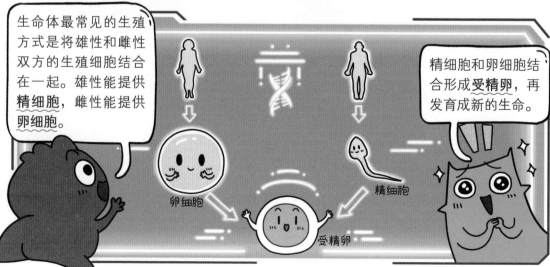

生命体最常见的生殖方式是将雄性和雌性双方的生殖细胞结合在一起。雄性能提供**精细胞**，雌性能提供**卵细胞**。

精细胞和卵细胞结合形成**受精卵**，再发育成新的生命。

卵细胞

精细胞

受精卵

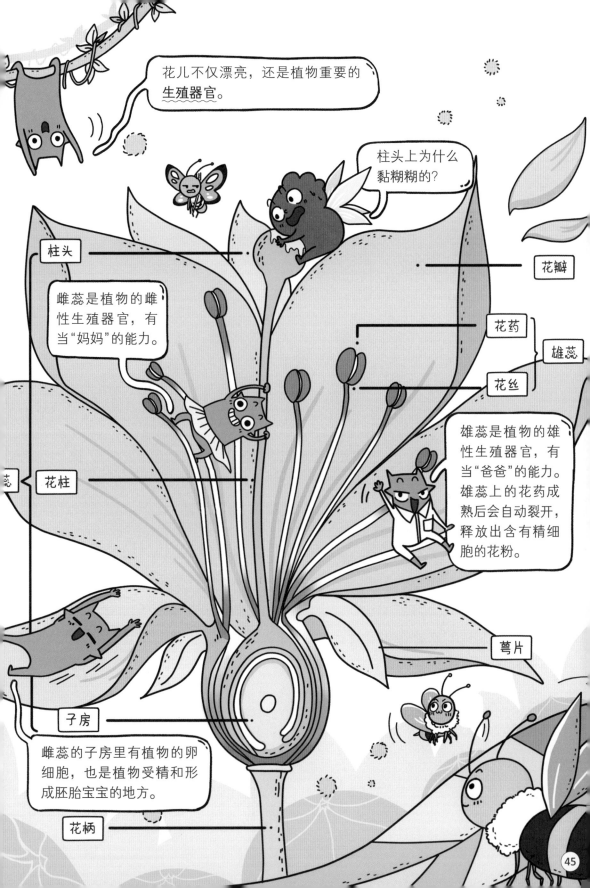

花儿不仅漂亮，还是植物重要的**生殖器官**。

柱头上为什么黏糊糊的？

柱头

雌蕊是植物的雌性生殖器官，有当"妈妈"的能力。

花柱

子房

雌蕊的子房里有植物的卵细胞，也是植物受精和形成胚胎宝宝的地方。

花柄

花瓣

花药

花丝

雄蕊

雄蕊是植物的雄性生殖器官，有当"爸爸"的能力。雄蕊上的花药成熟后会自动裂开，释放出含有精细胞的花粉。

萼片

45

植物的受精过程大致可以分四步。

植物受精

第一步，花药裂开，花粉随风飘散。

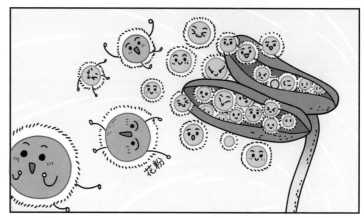

花粉

第二步，花粉落到柱头，在柱头上黏液的刺激下长出花粉管。

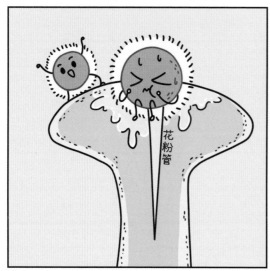

花粉管

第三步，花粉管朝向胚珠生长，里面的精细胞也通过花粉管进入胚珠。

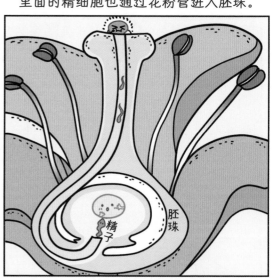

精子

胚珠

第四步，精细胞和胚珠里的卵细胞结合成受精卵。

卵细胞

精细胞

这样植物的受精就完成啦！

完成！

昆虫在花丛中飞来飞去，身上会沾染很多花粉，同时会把一部分花粉从一朵花搬运到另一朵花上，帮助植物传播花粉。

有的植物还可以分泌花蜜，昆虫来食用和采集花蜜的时候也就帮忙传播花粉啦！

除此之外，柱头上的黏液和分叉也更容易让花粉落下来。花朵的每个部分对待生殖都很认真！

植物传播花粉的方式有两种。一朵花自己的花粉落到自己的柱头上，这叫自花传粉。

就像你从自己家的客厅走到卧室。

在家待着是最舒服的。

一朵花的花粉落到另一朵花的柱头上，这叫异花传粉。

我终究要浪迹天涯！

就像你去了别人家。

传粉完成后呢？

传粉是为了受精。受精成功后，花瓣、雄蕊、柱头就都凋谢了，因为它们已经光荣地完成了自己的使命。

不过这不是终点！因为子房从这时候才开始真正发育！

种子的萌发需要一定的条件和细心的"侍奉"！

适宜的温度。

一定的水分。

充足的空气。

浇水要适度，不然土壤里的空气就不够了！

我都那么细心地照顾它了，为什么它还不发芽？

种子有两类，它们来自不同类型的植物：被子植物和裸子植物。

种子被果实包裹着的植物叫**被子植物**。

那家伙不热吗？

种子直接裸露在外面的植物叫**裸子植物**。

真希望不认识它……

被子植物可以开花结果，比如苹果、桃子、梨等都是被子植物。

裸子植物拥有发达的根茎，往往能长得更加高大，比如，常见的柏树、银杏树等都是裸子植物。

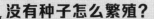

我想再种一株这种芦荟，可我观察了好久也没找到它的种子……

芦荟的种子很难获取，所以芦荟常常需要用一种神奇的方法培育。

步骤一

咔

我剪！

把植物的根、茎、叶直接插到合适的水或土壤中，就能发育成新的植株。

步骤二

我插！

步骤三

三周后……

什么时候需要用到这种方法呢?

在植物很难开花结果,或者开花结果的速度慢或种子少的时候。

竹子生长得非常快,但是竹子自然开花要十几年甚至更长的时间。

竹子竟然是会开花的……

我们日常吃的土豆,学名叫马铃薯,也是用这种方法进行大规模种植的。所以你吃的不是马铃薯的果实,而是它的块茎。

我吃的竟然是马铃薯的块茎……

可是，把两种植物接在一起有什么用呢？

当然有用啦！

接到一起的植物能正常地生长和开花结果，保持原来的品种不变，所以把柿子树嫁接在其他树木上，依然会长出柿子来。

这一点我知道啊……

虽然我和其他树木长在一起了，但我还是我！

柿子树结果需要的时间比较长，接到其他营养充足的树木上之后可以使柿子发育得更快，从而更快结果！

虽然我还是我，但现在的我可不是以前的我啦！

你到底还是不是你？……

有时候外地植物不适应本地环境，把它接到本地树木上就能成功地活下来。

想当年，弱小、可怜又无助的我，只能抱着你的大腿……

还有更多奇妙的无性生殖的方式，有兴趣可以慢慢了解。

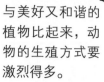

与美好又和谐的植物比起来，动物的生殖方式要激烈得多。

哦？

动物的生殖方式比植物还要丰富多样，先从有性生殖说起吧。

动物分为**雄性**和**雌性**，平时大家口头上称为"公"和"母"，还有"男"和"女"。以人为参照，雄性就是爸爸，雌性就是妈妈。

雄性

雌性

这一点植物也是一样的哦！

生殖需要雄性和雌性共同参与，但这就产生了一个问题。

什么问题？

雄性之间互相争斗，越强壮的动物就能拥有越多的交配权，也就有机会留下更多的后代。

那些战败的动物没有交配权，也没有机会留下后代，时间久了就会形成"优胜劣汰"的自然规律。

光棍

麋鹿每年都会举办"鹿王争霸赛"，最强壮的雄麋鹿会成为"鹿王"，拥有与整个鹿群中的雌鹿交配的权利。

哇！整个鹿群！

为了能获得交配权，动物们展示出了"十八般武艺"。比如园丁鸟为了吸引异性，会建造出特别漂亮的鸟巢！

哇！这鸟巢建造得也太艺术了！

如果雌鸟对雄鸟的"盖房技术"很满意，就会留下来和雄鸟交配，如果不满意，就拍拍屁股走咯！

哼！

这么漂亮的房子还不满意？如果我是雌鸟我一定答应！

除此之外，有的动物能发出悦耳的声音，有的动物会散发独特的气味，有的动物还能现场表演一段舞蹈……

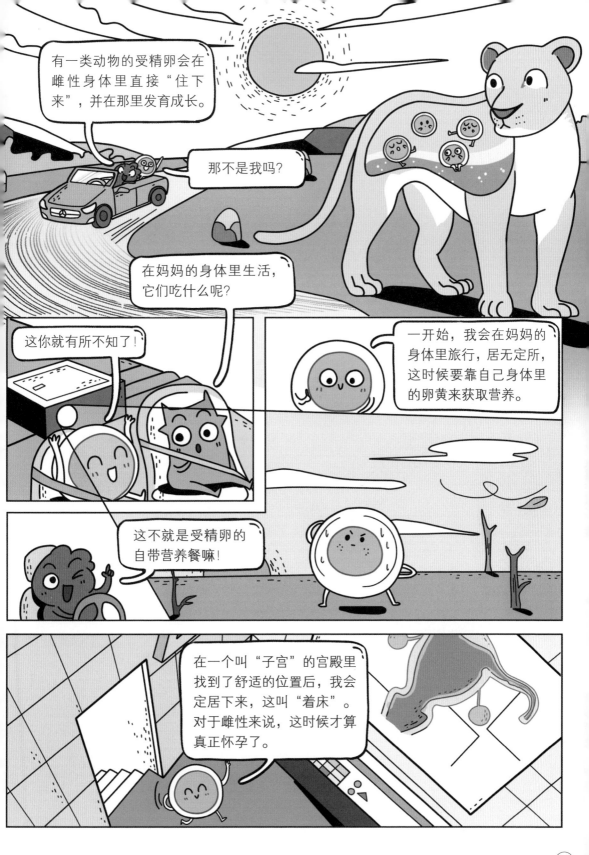

之后我会逐渐发育成胚胎，最终形成胎儿。

那胎儿吃什么呢？

胎儿身上有一条脐带和母体连接，可以通过脐带从母体那里获取营养。

脐带

所以，怀孕的妈妈一定要好好补身体，因为补的是两人份哦！

最后，胎儿会成长为完整的新生命，出生后来到这个世界上。

这种生殖方式叫胎生。

刚出生的小宝宝什么都吃不了，只能靠妈妈的乳汁获取营养，这就是哺乳。这种动物叫**哺乳动物**。

不过，并非所有的哺乳动物都是胎生的哦！

鸭嘴兽和针鼹虽然是哺乳动物，但它们都是卵生的！

什么是卵生？

卵生就是产卵的！或者更通俗一点，就是下蛋的！

真够通俗的……

胎生是受精卵在母亲身体里发育成型之后才出生，这样可以保证受精卵的安全，提高了后代生存的概率。

胎生

卵生

卵生是在受精卵还没成型的时候就生出来了，也就是直接把受精卵生出来了。

外界不是很危险吗？直接把受精卵生出来，它们怎么活下来呢？

你仔细看看，这些受精卵可不寻常！

这不就是鸡蛋吗？

鸡蛋就是鸡的卵。

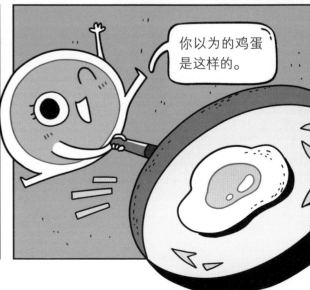

你以为的鸡蛋是这样的。

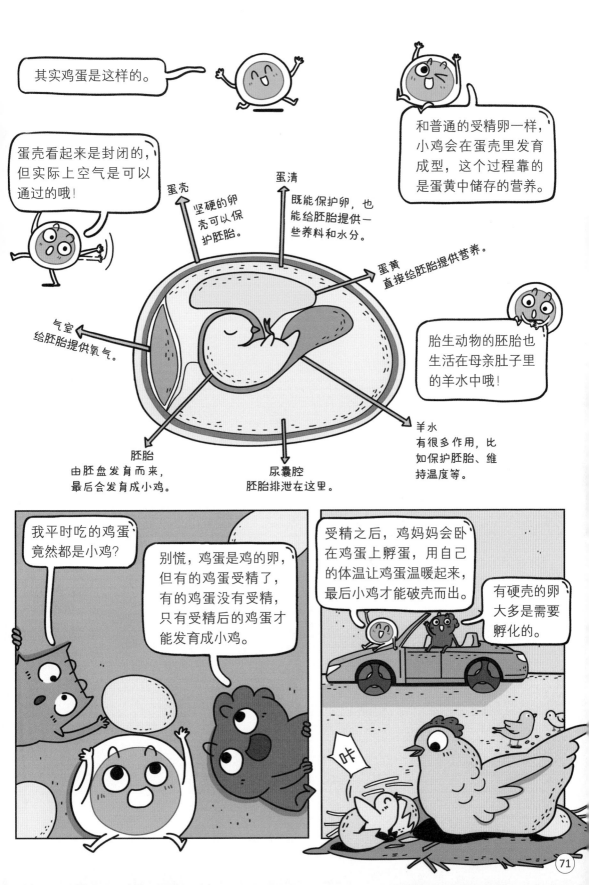

其实鸡蛋是这样的。

和普通的受精卵一样，小鸡会在蛋壳里发育成型，这个过程靠的是蛋黄中储存的营养。

蛋壳看起来是封闭的，但实际上空气是可以通过的哦！

蛋壳
坚硬的卵壳可以保护胚胎。

蛋清
既能保护卵，也能给胚胎提供一些养料和水分。

蛋黄
直接给胚胎提供营养。

气室
给胚胎提供氧气。

胎生动物的胚胎也生活在母亲肚子里的羊水中哦！

胚胎
由胚盘发育而来，最后会发育成小鸡。

尿囊腔
胚胎排泄在这里。

羊水
有很多作用，比如保护胚胎、维持温度等。

我平时吃的鸡蛋竟然都是小鸡？

别慌，鸡蛋是鸡的卵，但有的鸡蛋受精了，有的鸡蛋没有受精，只有受精后的鸡蛋才能发育成小鸡。

受精之后，鸡妈妈会卧在鸡蛋上孵蛋，用自己的体温让鸡蛋温暖起来，最后小鸡才能破壳而出。

有硬壳的卵大多是需要孵化的。

咔

成长"十八变"的神奇动物

除了有硬壳的卵之外，大自然中两栖动物、鱼类和昆虫生产的都是普通的卵。

雄蛙排出精细胞，雌蛙排出卵细胞，精细胞和卵细胞在水里相遇，在体外完成受精。

在发育的过程中，青蛙的宝宝发生了很明显的形态变化和生活习性的变化，所以被称为"变态发育"。

④幼蛙最终会发育为成熟的青蛙。

③蝌蚪逐渐发育成有尾巴的幼蛙。

②受精卵不会直接发育成小青蛙，而是先成为蝌蚪。

①为了保证卵的存活，两栖动物会把卵产在水里。

青蛙主要靠肺呼吸，可以生活在陆地上，但幼蛙和蝌蚪只能用鳃呼吸，生活在水里。

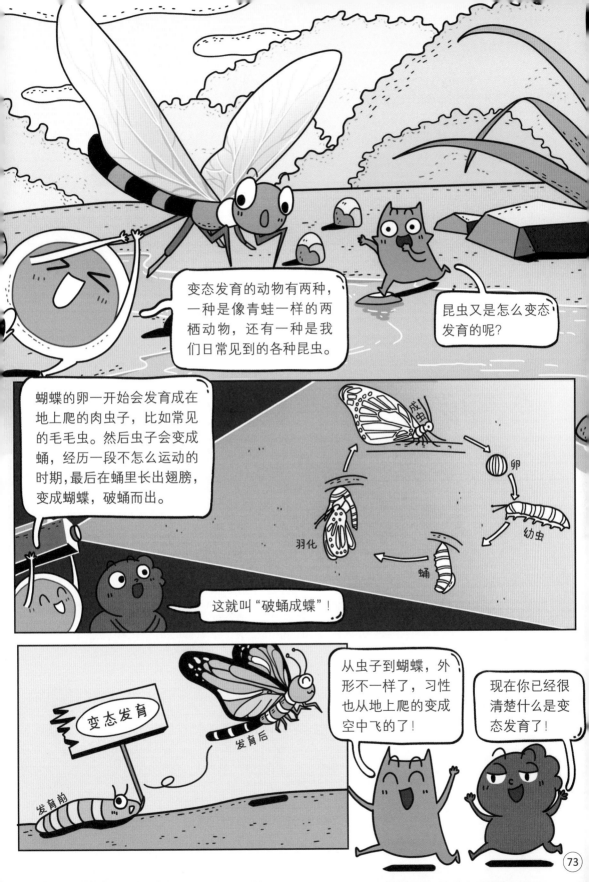

变态发育的动物有两种，一种是像青蛙一样的两栖动物，还有一种是我们日常见到的各种昆虫。

昆虫又是怎么变态发育的呢？

蝴蝶的卵一开始会发育成在地上爬的肉虫子，比如常见的毛毛虫。然后虫子会变成蛹，经历一段不怎么运动的时期，最后在蛹里长出翅膀，变成蝴蝶，破蛹而出。

成虫

卵

幼虫

羽化

蛹

这就叫"破蛹成蝶"！

变态发育

发育后

发育前

从虫子到蝴蝶，外形不一样了，习性也从地上爬的变成空中飞的了！

现在你已经很清楚什么是变态发育了！

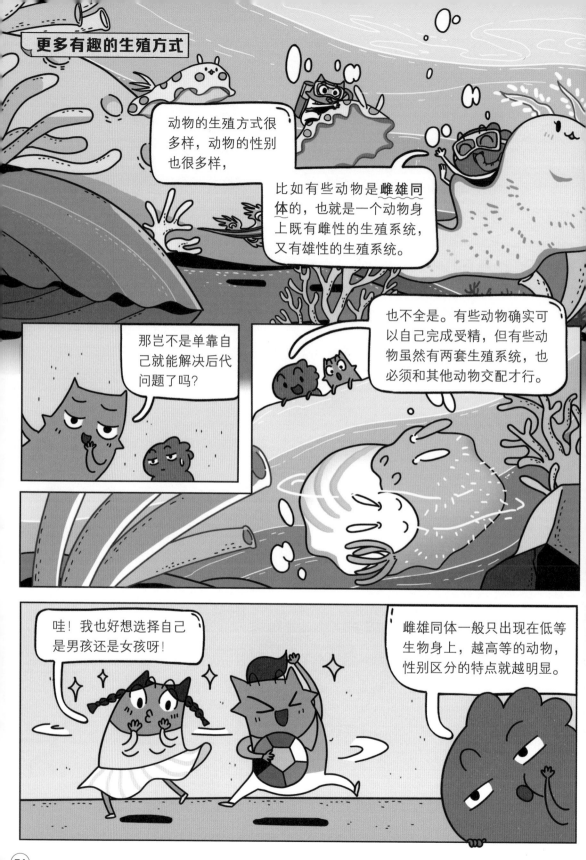

更多有趣的生殖方式

动物的生殖方式很多样，动物的性别也很多样，

比如有些动物是**雌雄同体**的，也就是一个动物身上既有雌性的生殖系统，又有雄性的生殖系统。

那岂不是单靠自己就能解决后代问题了吗？

也不全是。有些动物确实可以自己完成受精，但有些动物虽然有两套生殖系统，也必须和其他动物交配才行。

哇！我也好想选择自己是男孩还是女孩呀！

雌雄同体一般只出现在低等生物身上，越高等的动物，性别区分的特点就越明显。

细胞和细菌的后代是直接由母体分裂产生的。

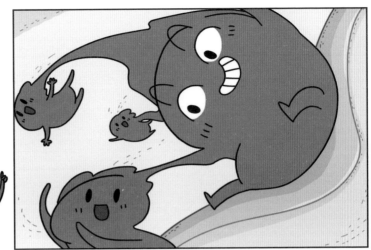

水螅的生殖方式也很有意思。它们会像植物一样长出芽体，等芽体长大后会自动脱落，成为新的个体。

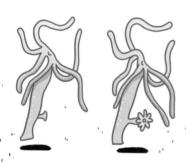

为什么很多动物一出生就会走路觅食，人类却要花很长时间才学会呢？

这个呀，是生命的密码！基因很乐意把密码告诉我们。

还有我！我也知道生命的密码！

一只蜜蜂正在花朵上忙碌着。花蜜是它的最爱，可它不明白，为什么花朵里会有花蜜。三个角色分别给出了自己的判断，你认同谁的说法？请在括号里打上√或×。

①因为花朵不喜欢花蜜，希望蜜蜂把花蜜采走。（　）

②因为花朵特别无私，喜欢为动物生产花蜜。（　）

③因为花蜜可以吸引昆虫前来采蜜，这样一来，花粉就能沾在昆虫身上，再通过昆虫的移动来传播。（　）

鸡妈妈已经生下鸡蛋很长时间了，但小鸡却迟迟没有出壳。三个角色分别给出了自己的判断，你认同谁的说法，在括号里打上√或×。

④鸡妈妈没好好孵蛋，鸡蛋的温度达不到孵化所需的程度。（　）

⑤也许鸡蛋根本就没有受精！（　）

⑥鸡蛋被鸡妈妈晾在一边，小鸡太孤单了才不愿意出壳。（　）

问题收纳盒

什么是有性生殖？

- 由两性的生殖细胞结合成受精卵，进而发育成新个体的生殖方式。

一般来说，动物的有性生殖有哪些方式？

- 胎生和卵生。

什么是胎生？

- 动物的受精卵在雌性的子宫里发育成熟而生产的过程叫作胎生。

什么是卵生？

- 用产卵的方式繁殖后代。

什么是受精？

- 卵细胞和精细胞结合成受精卵的过程就是受精。

什么是无性生殖？

- 不需要经过两性生殖细胞结合，直接由母体产生新个体的生殖方式。

一般来说，哪类动物是胎生的？

- 哺乳动物。

什么是雌雄同体？

- 在一个生物体内有雄性和雌性两套生殖器官，并且两种性状都能够在需要使用时表现出来。

什么是变态发育？

- 动物发育过程中在形态和习性上有明显改变的发育方式。

一般来说，哪类动物是卵生的？

- 鸟类、爬行动物、两栖动物、鱼类。

P76 答案：① × ② × ③√ ④√ ⑤√ ⑥ ×　　　　P77 答案：蝌蚪

03

地球生态
需要保护

危机重重的地球生态

你知道吗？热带雨林里有各种各样的动植物，是因为热带雨林适宜生物生长；沙漠里只有很少的动植物生存，是因为沙漠环境炎热干燥，大部分的动植物都难以适应。

生物依赖环境生存，但是也在悄悄改变着自己的生活环境。

总之，脱离了环境的生物将难以生存。

反过来说，如果没有生物，环境也就失去了存在的意义。

哦？

包围着地球的大气层、地球上的水循环、地球的气候状况等，都是受到了生物的影响才逐渐形成的。

二氧化碳可以使更多的辐射留在大气层里，所以地球想散热也散不了，都被二氧化碳"拦住"了！

辐射出不去，地球的温度就会升高，这就叫全球变暖。

可怕的酸雨

还有更可怕的，天上下**酸雨**，雨滴里都是有腐蚀性的硫酸和硝酸……

太恐怖了吧！

酸雨是燃烧煤、石油和天然气时产生的具有酸性的化学物质和大气中的水结合而形成的雨。

说到底还是大气污染！

正常雨水的 pH 值一般都在 6 左右，而目前有些地区的酸雨中的 pH 值已经下降到了 2~5。

pH 值表示的是水溶液的酸碱度。pH 值越低，酸性越高。酸雨的 pH 值已经和柠檬汁差不多了。

好酸！

柠檬汁

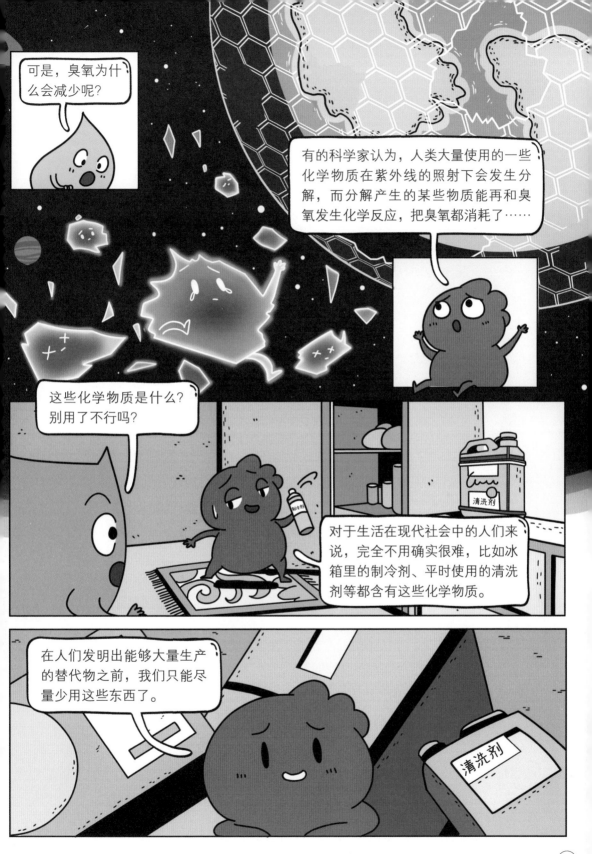

越来越少的动植物朋友

除了环境、大气污染外，人们还面临另一个很严重的问题，那就是**生物多样性**的快速下降。

这个我知道，就是生物的种类越来越少了。

确实，我以前认识的好多植物朋友都消失了，还有些朋友的同类越来越少，濒临灭绝……

生物的种类就是物种，不同的物种之间无法交配和繁殖后代，但同一物种中存在不同的种群，这是两个概念哦！

好复杂……

在人类出现以前，物种的灭绝和物种的形成一样，是一个自然的过程，二者处于一种相对平衡的状态。

人类出现以后呢?

人类出现以后,物种灭绝的速度大大加快了,尤其是最近这100年。

以哺乳动物举例,在17世纪,平均每5年有一种哺乳动物灭绝,到了20世纪,平均每2年就有一种哺乳动物灭绝!

以鸟类举例,在10 000多年前,平均每83.3年有一种鸟类灭绝,而在现代,平均每2.6年就有一种鸟类灭绝!

在印度洋、大西洋中的一些岛屿上生活的特产鸟类,灭绝的速度越来越快,1601—1699年是8种,1700—1799年是21种,1800—1899年是69种,1900—1978年是63种……

据科学家估计,目前物种丧失的速度比人类干预以前的自然灭绝速度要快1 000倍!

它们都消失了……

国家一级保护动物,极度濒危

华南虎

冠麻鸭

濒危物种

威克岛秧鸡

1945年灭绝

高加索野牛

1925年灭绝

极度濒危物种

高鼻羚羊

佛罗里达彩鹬

1800年灭绝

蓝箭毒蛙

斑驴

1883年灭绝

濒危物种

要保护好生态环境，我们还需要了解一些知识，比如种群。

种群？

老虎是一个物种，一个物种有很多**种群**，比如中国东北地区的东北虎和华南地区的华南虎就属于两个种群，

因为它们生活在完全不同的环境中，体型和外貌也存在很大差异。

一山不容二虎！

也就是说，只有可以交配、可以产生后代的动物才是同一种群的。

生育后代是很重要的，出生率和死亡率直接决定了种群的数量，也就决定了种群是不是兴旺发达。

医学越来越发达了，人类的死亡率也一直在下降，这么看来，人类这个种群非常兴旺发达。

不不，事情可没有这么简单。

人类的死亡率越来越低了，但与此同时，人类的出生率也在降低。现在世界上有些国家出生率非常低，以至于进入了人口老龄化的状态，比如日本。

什么是人口老龄化？

　　种群是由一个个个体组成的，不同年龄的个体在种群中都占有一定的比例，这种比例关系就形成了种群的年龄结构。

生殖期

生殖前期

生殖后期

生物学家常常把动物的年龄分为生殖前期、生殖期和生殖后期3个年龄组。

处于生殖期的个体越多，这个种群壮大起来的可能性就越大。

反过来，如果老年个体在种群中占优势，则预示着种群日益衰落。

那如果在一个种群中，各个年龄组的比例差不多一致，就说明这个种群比较稳定？

对，但种群的结构和数量不会一直不变。

因为人类活动导致适合大熊猫生存的环境越来越少，所以大熊猫的数量也在慢慢减少。

现在我们建立了自然保护区，为大熊猫创造了更多适合它们生存的环境，大熊猫的数量开始慢慢增加。

什么样的环境是适合的? 什么样的环境是不适合的?

符合生物生长需求的环境就是适合的。比如大熊猫喜欢吃竹子,竹子很少的地方对大熊猫来说就不适合生长。

还有一点必须注意,如果适合这种生物生存的环境范围太小也不行,

比如这里生长的竹子只够养活一只大熊猫,那如果再来一只大熊猫,这个环境就承受不住了。

我明白了,一碗饭只够一个人吃,要想喂饱两个人,就得准备两碗饭。

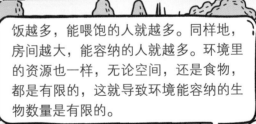

饭越多,能喂饱的人就越多。同样地,房间越大,能容纳的人就越多。环境里的资源也一样,无论空间,还是食物,都是有限的,这就导致环境能容纳的生物数量是有限的。

所以保护区建得越大,能容纳的大熊猫就越多!

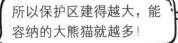

保护区建得大一些当然好，但实际上，地球上已经很拥挤了，生物之间会互相挤压生存空间。

就像在只能睡2个人的床上睡了3个人，那大家睡觉的时候可能都没法翻身了！

真的很拥挤了！

生物也不是单一出现的，往往是组合起来的，只要条件合适，任何区域内都会出现一定的生物组合，这就是生物群落。

生物群落包括区域内的所有生物：动物、植物、微生物！

一个地方只有大熊猫是没法生存的，必须还要有清脆可口的竹子、温暖湿润的气候，最好再有一些其他小动物，因为大熊猫是杂食动物，偶尔也想打打牙祭呢！

由于气候、地形和其他环境条件的不同，地球上存在很多不同类型的生物群落。我们一起去看看吧！

好耶，又要去旅行啦！

第一站我们来到了热带雨林！这里全年炎热，几乎每天都下雨。

世界上的热带雨林都分布在地球的"腰部"，最具代表性的是南美洲的亚马孙河流域。

热带雨林最引人瞩目的特点是动植物种类非常多，比如，除了人类之外，地球上90%的灵长类动物都生活在热带雨林中。

植物的种类多了，动物的种类也就多了，植物是塑造环境的重要角色！

棕熊

麋鹿

第三站我们来到了寒带森林！这里主要有云杉和落叶松。

麋鹿、雪兔、棕熊和狼是寒带针叶林中的主要动物。

狼

雪兔

第四站我们来到了苔原！这里靠近北冰洋，太冷了，树木无法生长，只有那些能忍受强风、冰冻的植物才能生存下来，这些植物都很矮小。

在这里生活的动物大多是昆虫和食草动物，毕竟这里草多。

北极狐

雪鼬

要说草多，哪里都比不上草原，这里几乎完全是由绿色的禾草组成的。

草原上最常见的是各种各样的昆虫，还有蚯蚓和蜘蛛，同时也生活着很多大型食草动物，比如野牛、野驴。

蜘蛛

斑马

鸵鸟

野牛

有很多食肉动物是靠吃大型食草动物生存的，所以大草原上也有很多狮子、猎豹、鬣狗等，它们都虎视眈眈地盯着自己的猎物呢！

猎豹

动物真可怕！

最后一站我们来到了荒漠，这里特别干旱，大风整天把沙子刮得飞来飞去，只有少数耐干旱的植物能生存下去，比如仙人掌。

这里的动物也很少，环境太恶劣了，根本不适合生存。

蜥蜴

去过这么多地方，我发现一个规律：植物多的地方动物就多，植物少的地方动物就少。

当然了，动物吃植物是自然规律。如果没有植物，动物也没东西可吃呀，所以动物很聪明，会聚集在植物丰富的地方。

植物可不是为了给动物吃才存在的！

动物也可以吃动物呀，你忘了草原上猎豹追捕猎物的事了吗？

捕食是群落中最常见的不同物种和种群之间的关系。这么多种生物生活在同一片区域里，肯定会产生一些关系的嘛！

109

那除了捕食，群落中还有什么关系？

这是我的地盘！

竞争关系。不同的物种因为某种资源而争夺和竞争。

我也住在这里！

群落中也有爱与和平的关系哦，比如蚂蚁和蚜虫。

那是怎么回事？

蚂蚁喜欢吃蚜虫分泌的蜜露，常用触角抚摸蚜虫，让蚜虫把蜜露直接分泌到自己口中，同时，蚂蚁也精心保护蚜虫，驱赶并杀死蚜虫的天敌。这种关系叫<u>互利共生</u>。

两种生物一起生活，这让我想起了跳蚤，它们也总是生活在大体型的动物身上，也是互利共生的关系吗？

不是的，这种关系叫<u>寄生</u>。跳蚤并不会给大型动物带来什么好处，甚至还要吸它们的血，损害了大型动物的利益，所以叫寄生。

换句话说，你也不希望自己身上有跳蚤吧？

总之，生态系统是由生物和非生物共同组成的，地球上有许多大大小小的生态系统，大到一片海洋，小到一个池塘，都是生态系统。

现在的人们也会创建一些人工生态系统，比如农田、果园等。

只有了解生态系统，了解全球变化的问题，才能更科学地保护环境。

没错，这就是人们说的可持续发展。

哎呀，我得赶紧看看"阳台小生态"去！

为了实现可持续发展,我们提倡采取更环保的生活方式,下面哪些行为有利于环保?

①绿色出行

②垃圾分类

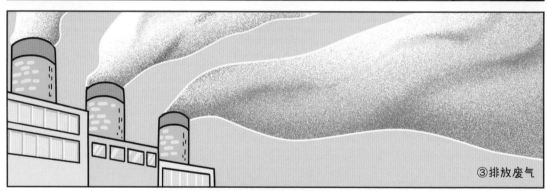

③排放废气

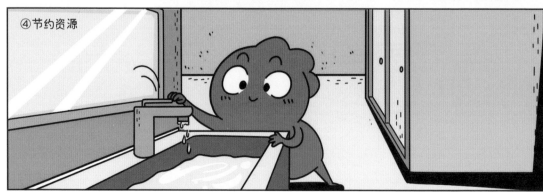

④节约资源

下面的生态系统里似乎有"误入"的成员，你能找出它们吗？

东非大草原

什么是生态学？

● 研究生物、人类和环境之间的错综复杂关系的科学就是生态学。

什么是全球变暖？

● 全球变暖是指地球表面的大气、土壤、水，以及植物等的温度逐年缓慢上升。

什么是酸雨？

● 酸雨是燃烧煤、石油和天然气所产生的二氧化硫等气体分子和大气中的水结合而形成的 pH 值为 2~5 的雨。

什么是生物多样性？

● 生物多样性是指一定范围内多种多样活的有机体（动物、植物、微生物）有规律地结合所构成的稳定的生态综合体，包括动物、植物、微生物的物种多样性，物种的遗传与变异的多样性及生态系统的多样性。

什么是种群？

● 种群是同一物种个体的集合体，由不同年龄、不同性别的个体组成，它们彼此之间可以交配并繁殖。

什么是生物群落？

● 在任何特定的地区内，只要气候和其他自然条件合适，就会出现一定的生物组合，即有很多种生物种群组合在一起，这个组合就是生物群落。生物群落包括这一区域内的全部的植物、动物以及肉眼看不见的微生物。

P112 答案：①②④

P113 答案：企鹅、雪兔、大熊猫、驯鹿

身边的生物调查实验

不出门也能做调查？

啦啦啦……收拾东西去调查……

你在干什么呢？这么开心？

收拾东西呀，我们不是要去做生物大调查了吗？

做生物大调查和你收拾东西有什么关系？

难道我们不是要去各地调查生物吗？

当然不是了，生物大调查是要解决生物学常见的一些问题，不一定需要出远门，甚至不一定需要出门……

什么？我白期待了这么久！

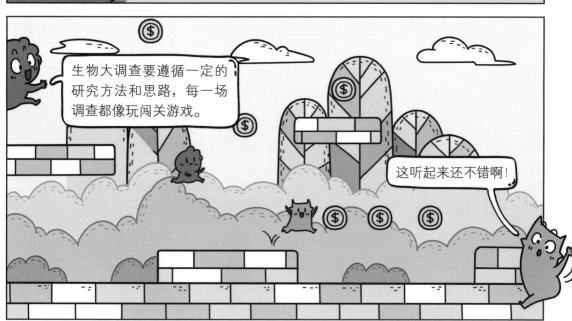

以上就是常见的研究方法和思路了，有什么问题吗？

有！

第一步要观察现象，可是有的现象发生得很快，一下子就闪过去了，我也观察不到什么呀！

还有的现象发生得很偶然，我总不能不吃不喝一直盯着观察对象吧？

不要这么死板啊！除了实时观察，你还可以借助照相机、摄像机、录音机之类的工具来记录，有时候还需要测量。

砰！

录下的视频可以放慢速度播放，摄像机也可以代替你一直记录观察对象的改变，这些根本就不算问题。

真正的问题是我接下来要说的内容！

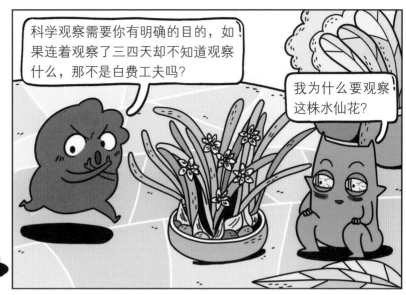

科学观察需要你有明确的目的，如果连着观察了三四天却不知道观察什么，那不是白费工夫吗？

我为什么要观察这株水仙花？

科学观察需要全面、细致、实事求是，并且及时将观察结果记录下来。如果观察了很久却没有记录，可能转眼就忘记观察结果了。

它是昨天开花的吗？不对，好像是前天？

对于长时间的观察，要有计划和耐心，三天打鱼两天晒网可不行！

昨天已经观察过了，今天要出去玩啦！

书上说，温度会影响种子发芽，而低温不利于种子发芽。到底是不是这样呢？

道听途说不如亲自验证，我们来做个实验吧！

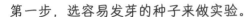

实验验证

第一步，选容易发芽的种子来做实验。

快看看你家里有什么种子吧！

第二步，把种子分成两组：实验组和对照组，然后分别用浸湿的纱布把它们包起来。

两组种子的数量和大小都要一样！

每组的种子要在5粒以上。

为什么必须保持每组种子的数量和大小一样？

因为做实验时必须严格控制常量和变量。

3 天后……

不信你看看，你休息了一会儿，蔬菜的叶子已经没精神了，看起来都跟我前几天腌的咸菜差不多了！

还真是！明明之前还好好的！

我记得菜市场的摊主会用喷壶往蔬菜上喷水，蔬菜看起来都很新鲜，但现在放了一会儿的蔬菜就蔫了，就像腌过的咸菜一样……

观察现象

提出问题

难道蔬菜能吸收水分，也能失去水分？

做出假设

网上说，菜市场的摊主喷的是清水，腌咸菜用的是盐水……那我大胆推测一下，蔬菜放在清水里能吸水，放在盐水里能失水！

你还做不做饭啊？

我决定了！我要做实验验证我的假设！就用我刚买回来的新鲜胡萝卜吧！

看来我只能自己动手了……

实验验证

第一步是把新鲜的胡萝卜切成大小相等的胡萝卜条。

不做饭还占着厨房不让我做饭，好饿……

把切好的胡萝卜条分成三组……我的刀功真厉害，它们竟然全都一样！

不切成完全一样的胡萝卜条也可以做实验哦！

实验的重点是观察胡萝卜条在不同条件下的变化！

注意观察胡萝卜条在实验时重量和外观的区别哦！

第三组虽然好吃，但是好咸啊，我现在就想吃点甜的。

第一组

第二组

第三组

我把昨天买的面包给你吃吧，就当晚饭了。

太好啦！

这个面包发酵得恰到好处，口感真不错！

发酵？

这你就有所不知了，平时我做馒头、面包的时候，都会用到酵母粉，它可以使面包蓬松起来，非常神奇！

就是这个！

这不就是酵母菌嘛！酵母菌的代谢过程会产生二氧化碳，给面团"充气"，所以面团才能变得蓬松，这个过程就是发酵。

我有个疑问！酵母菌喜欢什么样的环境？投其所好，以后发酵也许能更高效一些！

这个问题太宽泛了，你能问得具体一点吗？

● 观察现象

这样不会把面团晒干或者烤干吗？

我平时让面团发酵的时候，总会把它盖起来，放在阳光下或者暖气旁……

完全不会哦，过一会儿面团就会发酵，变大一圈了。

这是什么原理呢？

其实我也不清楚，我是从妈妈那里学来的。妈妈说，发酵时要把面团放在温暖的地方。

我明白了！既然强调了要放在温暖的地方，那一定和温度有关吧！

提出问题

可是，酵母菌具体喜欢什么样的温度呢？低温？室温？高温？还是和人的体温一样的 37℃？

我打电话问问妈妈，她一定知道！

妈妈，你知道酵母菌喜欢什么温度吗？我知道是暖和的地方啦，具体温度是多少呢？

你也不知道吗？好吧……

几小时后……

冰箱

沸水蒸锅

厨房

酸奶机

得出结论

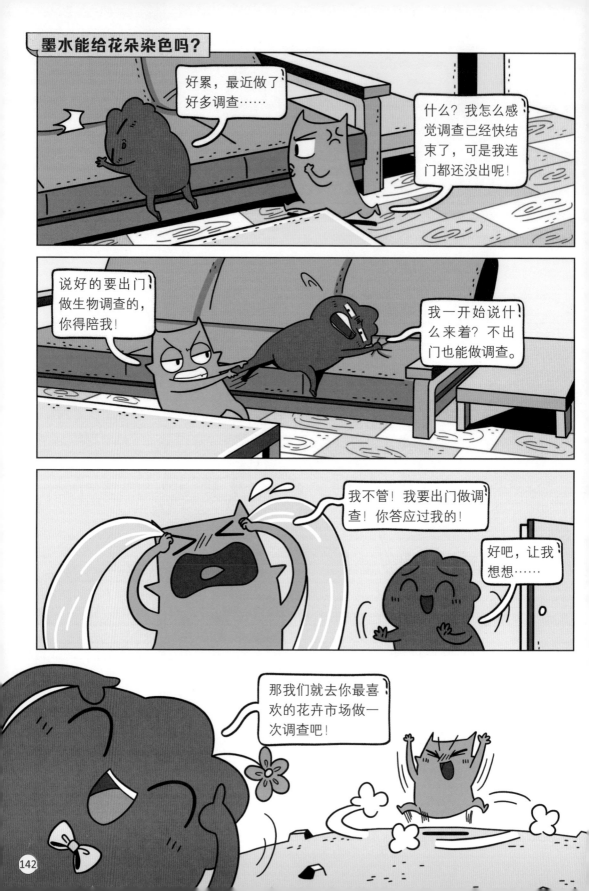

墨水能给花朵染色吗？

好累，最近做了好多调查……

什么？我怎么感觉调查已经快结束了，可是我连门都还没出呢！

说好的要出门做生物调查的，你得陪我！

我一开始说什么来着？不出门也能做调查。

我不管！我要出门做调查！你答应过我的！

好吧，让我想想……

那我们就去你最喜欢的花卉市场做一次调查吧！

做出假设

我觉得给花染色听起来还是怪怪的，肯定不行！

可是，我们用什么给花染色呢？

用墨水吧！

实验验证

找 3 个相同的瓶子，分别倒进一样多的红墨水、蓝墨水和黑墨水。

我以前介绍过，植物的茎里有很多输送水和养料的导管，这就给了我们一种独特的染色方式！

一 周 后……

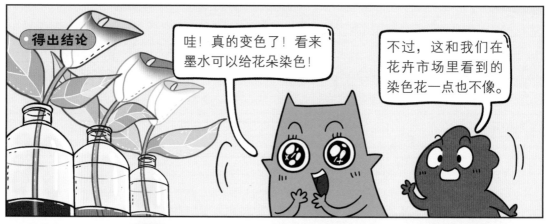

(   )

(   )

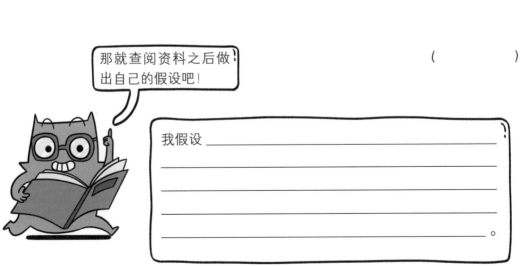

(   )

我假设 _____
_____
_____
_____
_____ 。

不如问问你家里其他人的舌头是什么形状的吧！

一定要把每个人的舌头形状记录下来哦！

我的家人	我	爸爸	妈妈	爷爷	奶奶	姥爷	姥姥	直系兄弟	直系姐妹				
尖舌													
圆舌													

(　　　　　　　)

空白的部分可以填上其他家庭成员哦！

是

根据你的调查结果得出结论，舌头形状到底是不是由遗传决定的呢？

不是

150

作者团队

米莱童书 | ✎ 米莱童书
　　　　　　　点亮孩子的未来

米莱童书是由国内多位资深童书编辑、插画家组成的原创童书研发平台。旗下作品曾获得 2019 年度"中国好书"，2019、2020 年度"桂冠童书"等荣誉；创作内容多次入选"原动力"中国原创动漫出版扶持计划。作为中国新闻出版业科技与标准重点实验室（跨领域综合方向）授牌的中国青少年科普内容研发与推广基地，米莱童书一贯致力于对传统童书进行内容与形式的升级迭代，开发一流原创童书作品，适应当代中国家庭更高的阅读与学习需求。

策 划 人： 刘润东　　魏　诺

统筹编辑： 王　佩

编写组： 王　佩　　于雅致

知识脚本作者： 张可文

　　　　　　　北京市育才学校高中生物教师北京市西城区骨干教师、优秀教师

漫画绘制： 王婉静　　张秀雯　　郑姗姗　　吴鹏飞　　范小雨
　　　　　　周恩玉　　翁　卫

美术设计： 张立佳　　刘雅宁　　刘浩男　　马司雯　　汪芝灵

图书在版编目（CIP）数据

自然界中的生物们 / 米莱童书著绘. -- 北京 : 北

京理工大学出版社, 2024.4 （2025.1 重印）

（启航吧知识号）

ISBN 978-7-5763-3414-2

Ⅰ.①自… Ⅱ.①米… Ⅲ.①生物学—少儿读物

Ⅳ.①Q-49

中国国家版本馆CIP数据核字(2024)第012000号

出版发行 / 北京理工大学出版社有限责任公司

社　　址 / 北京市丰台区四合庄路 6 号

邮　　编 / 100070

电　　话 / （010）82563891（童书售后服务热线）

网　　址 / http://www.bitpress.com.cn

经　　销 / 全国各地新华书店

印　　刷 / 雅迪云印（天津）科技有限公司

开　　本 / 710毫米 × 1000毫米　1 / 16

印　　张 / 9.5　　　　　　　　　　　　　　责任编辑 / 李慧智

字　　数 / 250千字　　　　　　　　　　　　文案编辑 / 李慧智

版　　次 / 2024年4月第1版　2025年1月第2次印刷　　责任校对 / 王雅静

定　　价 / 38.00元　　　　　　　　　　　　责任印制 / 王美丽